ICONOGRAPHIE

DU

GENRE EPILOBIUM

Par H. LÉVEILLÉ

Secrétaire perpétuel de l'Académie internationale de Géographie botanique

Dessins de Gonzalve de CORDOUË

LE MANS

IMPRIMERIE MONNOYER

12, PLACE DES JACOBINS, 12

1911

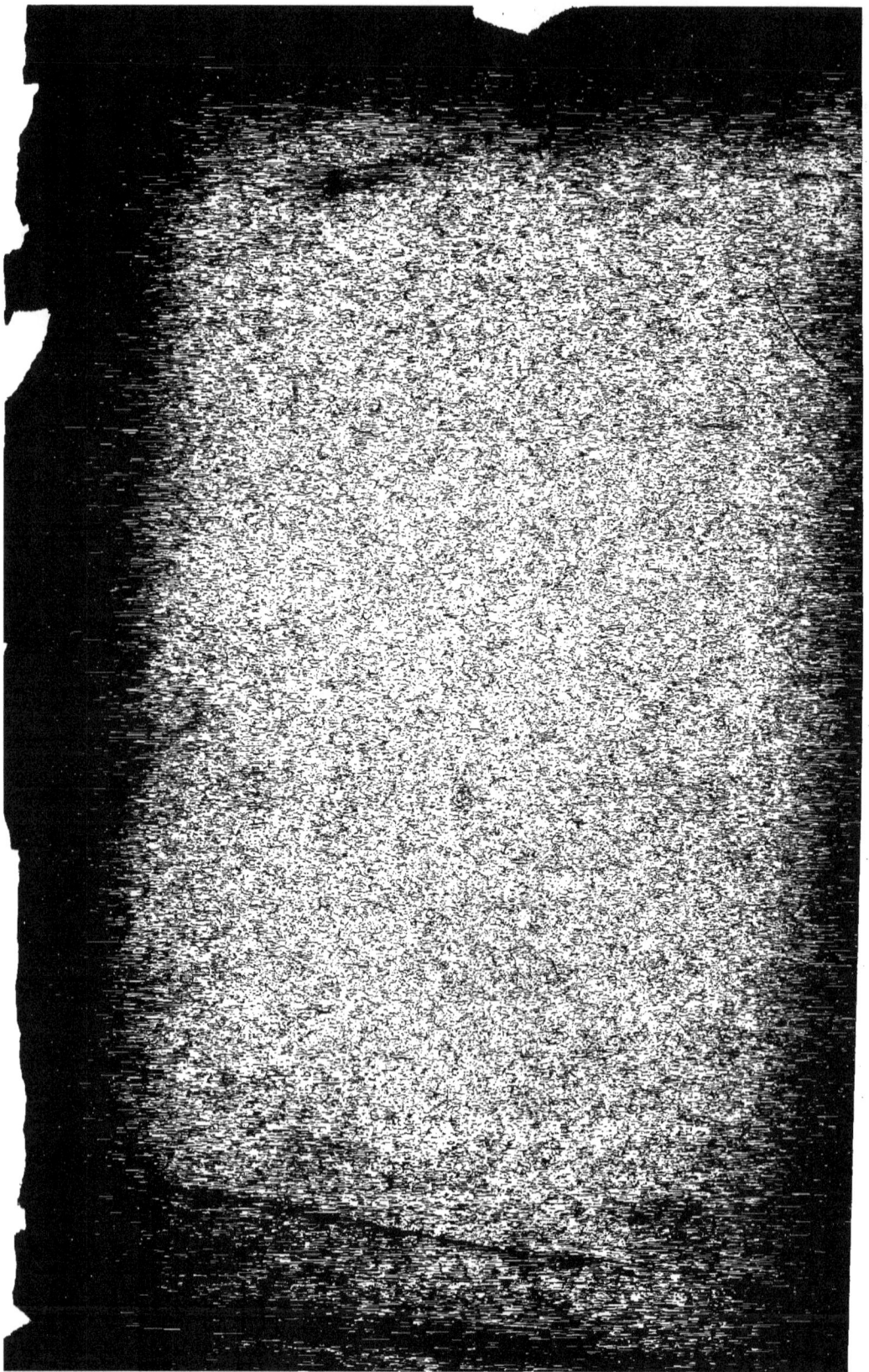

Epilobes d'Amérique

Pl. CXLVIII. — **Epilobium luteum** Pursh.

D'après l'herbier Boissier.

(2/3 de grandeur).

Pl. CXLIX. — **Epilobium Treleasianum** Lévl.

D'après l'herbier de Saint-Louis.

(3/4 de grandeur).

PL. CL. — **Epilobium Watsoni** Barbey.

D'après l'herbier de Saint-Louis.

(2/3 de grandeur).

PL. CLI. — **Epilobium obcordatum** Gray.
D'après l'herbier Boissier.

(Grandeur naturelle).

PL. CLII. — **Epilobium rigidum** Haussk.

D'après l'herbier de l'Académie de Géographie botanique.

(Grandeur naturelle).

Pl. CLIII. — **Epilobium suffruticosum** Nutt.

D'après l'herbier de Saint-Louis.

(Grandeur naturelle).

Pl. CLIV. — **Epilobium paniculatum** Nutt.
D'après l'herbier de Saint-Louis.
(2/3 de grandeur).

PL. CLV. — **Epilobium jucundum** Gray.

D'après l'herbier Boissier.

(3/4 de grandeur).

PL. CLVI. — **Epilobium strictum** Mühl.

D'après l'herbier de Zürich.

(1/2 grandeur).

PL. CLVII. — **Epilobium lineare** Mühl.

D'après l'herbier de l'Académie de Géographie botanique.

(3/4 de grandeur).

PL. CLVIII. — **Epilobium doriphyllum** Haussk.

(2/3 de grandeur).

CLIX. — **Epilobium mexicanum** Schl.

D'après l'herbier de l'Académie de Géographie botanique.

(3/5 de grandeur).

PL. CLX. — **Epilobium californicum** Haussk.
D'après l'herbier de Saint-Louis.
(3/5 de grandeur).

PL. CLXI. — **Epilobium coloratum** Mühl.

D'après l'herbier de Saint-Louis.

(1/2 grandeur).

PL. CLXII. — **Epilobium boreale** Haussk.

D'après l'herbier de Berlin.

(2/3 de grandeur).

PL. CLXIII. — **Epilobium chilense** Haussk.
D'après l'herbier de Vienne.
(2/3 de grandeur).

Pl. CLXIV. — Epilobium glandulosum Lehm.

D'après l'herbier Boissier.

(3/5 de grandeur).

PL. CLXV. — **Epilobium Franciscanum** Barbey.
D'après l'herbier Boissier.

(1/2 grandeur).

Pl. CLXVI. — **Epilobium valdiviense** Haussk.

D'après l'herbier de Vienne.

(4/5 de grandeur).

Pl. CLXVII. — **Epilobium adenocaulon** Haussk.

D'après l'herbier Boissier.

(4/5 de grandeur).

PL. CLXVIII. — **Epilobium subcæsium** Greene.

D'après l'herbier de Saint-Louis.

(1/2 grandeur).

PL. CLXIX. — **Epilobium Halleanum** Haussk.
D'après l'herbier de Saint-Louis.
(4/5 de grandeur).

PL. CLXX. — **Epilobium novo-mexicanum** Haussk.

D'après l'herbier Boissier.

(2/3 de grandeur).

Pl. CLXXI. — **Epilobium magellanicum** Philippi et Haussk.
D'après l'herbier de l'Académie de Géographie botanique.
(2/3 de grandeur).

Pʟ. CLXXII. — **Epilobium pruinosum** Haussk.
D'après l'herbier Boissier.
(2/3 de grandeur).

PL. CLXXIII. — **Epilobium cæsium** Haussk.
D'après l'herbier de Vienne.
(3/4 de grandeur).

PL. CLXXIV. — **Epilobium Congdoni** Lévl.
D'après l'herbier de Saint-Louis.
(2/3 de grandeur).

Pl. CLXXV. — **Epilobium Bonplandianum** Haussk.

D'après l'herbier Boissier.

(4/5 de grandeur).

PL. CLXXVI. — **Epilobium Drummondii** Haussk.
D'après l'herbier de l'Académie de Géographie botanique.
(2/3 de grandeur).

PL. CLXXVII. — **Epilobium andicolum** Haussk.

D'après l'herbier Boissier.

(4/5 de grandeur).

Pl. CLXXVIII. — **Epilobium Helodes** Lévl.

D'après l'herbier Boissier.

(4/5 de grandeur).

14

PL. CLXXIX. — **Epilobium andinum** Phil.

D'après l'herbier de l'Académie de Géographie botanique.
(Grandeur naturelle).

PL. CLXXX. — **Epilobium tenellum** Philippi.

D'après l'herbier de l'Académie de Géographie botanique.
(Grandeur naturelle).

PL. CLXXXI. — **Epilobium ursinum** Parsh.

D'après l'herbier de Saint-Louis.

(Grandeur naturelle).

PL. CLXXXII. — **Epilobium glaucum** Philippi et Haussk.

D'après l'herbier de Saint-Louis.

(2/3 de grandeur).

Pl. CLXXXIII. — **Epilobium leptocarpun** Haussk.

D'après l'herbier de Saint-Louis.

(Grandeur naturelle)

Pl. CLXXXIV. — **Epilobium leptocarpum** Haussk.
var. Macounii Trelease.
D'après l'herbier de Saint-Louis.
(4/5 de grandeur).

Pl. CLXXXV. — **Epilobium Alaskæ** Lévl.

D'après l'herbier de Saint-Louis.

(3/4 de grandeur).

PL. CLXXXVI. — **Epilobium holosericeum** Trelease.
D'après l'herbier Boissier.
(2/3 de grandeur).

PL. CLXXXVII. — **Epilobium americanum** Haussk.
D'après l'herbier de Kew.
(3/4 de grandeur).

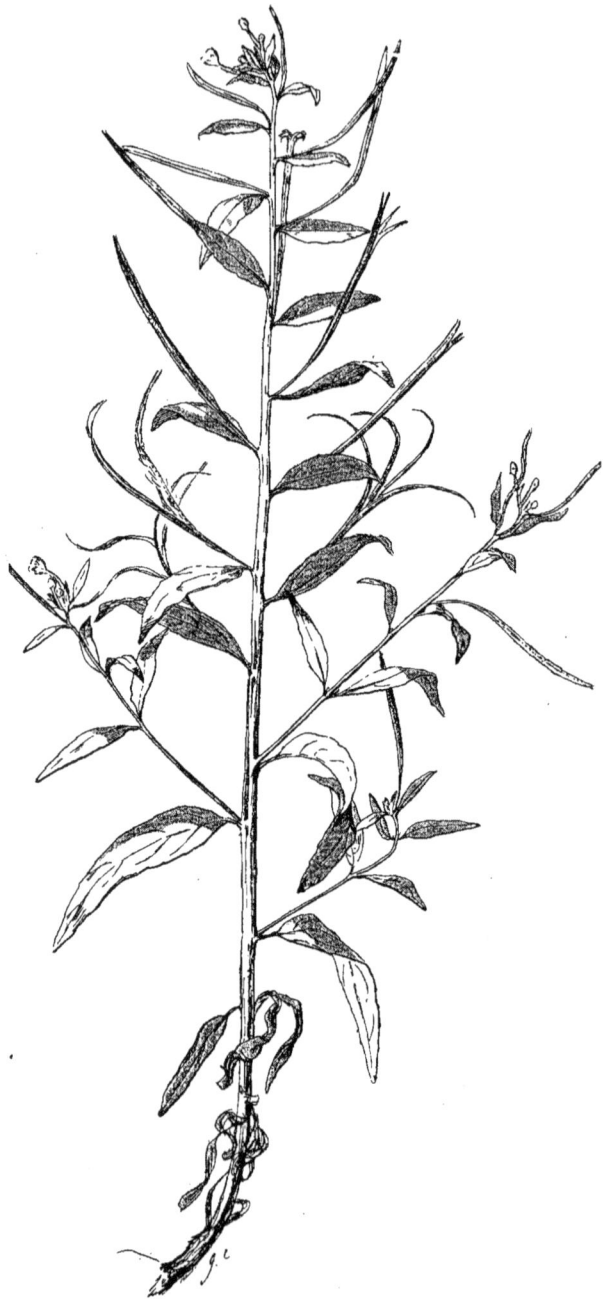

PL. CLXXXVIII. — **Epilobium Palmeri** Lévl.

D'après l'herbier de l'Académie de Géographie botanique.

(2/3 de grandeur).

PL. CLXXXIX. — **Épilobium Palmeri** Lévl.

D'après l'herbier de l'Académie de Géographie botanique.

(2/3 de grandeur).

Pl. CXC. — **Epilobium Brasiliense** Haussk.

D'après l'herbier de l'Académie de Géographie botanique.

(2/3 de grandeur).

PL. CXCI. — **Epilobium pseudo-lineare** Haussk.
(Grandeur naturelle).

PL. CXCII. — **Epilobium puberulum** Hook. et Arn.

D'après l'herbier de l'Académie de Géographie botanique.

(3/5 de grandeur).

PL. CXCIII. — **Epilobium meridense** Haussk.

D'après l'herbier Boissier.

(2/3 de grandeur).

PL. CXCIV. — **Epilobium meridense** Haussk.

D'après l'herbier Boissier.

(4/5 de grandeur).

PL. CXCV. — **Epilobium ramosum** Philippi.
D'après l'herbier de Santiago.
(3/4 de grandeur).

15

PL. CXCVI. — **Epilobium lignosum** Philippi.

D'après l'herbier de Santiago.

(Grandeur naturelle).

PL. CXCVII. — **Epilobium Barbeyanum** Lévl.

D'après l'herbier de Santiago.

(3/4 de grandeur).

PL. CXCVIII. — **Epilobium repens** Schlecht.
D'après l'herbier de Vienne.
(3/4 de grandeur).

PL. CXCIX. — **Epilobium densifolium** Haussk.

D'après l'herbier de l'Académie de Géographie botanique.

(Grandeur naturelle).

Pl. CC. — **Epilobium oregonense** Haussk.
D'après l'herbier Boissier.
(Grandeur naturelle).

PL. CCI. — **Epilobium Pringleanum** Haussk.
D'après l'herbier de l'Académie de Géographie botanique.
(2/3 de grandeur).

PL. CCII. — **Epilobium adscendens** Suksdorf.
D'après l'herbier Boissier.
(Grandeur naturelle).

PL. CCIII. — **Epilobium minutum** Lindl.

D'après l'herbier Boissier.

(4/5 de grandeur).

Pl. CCIV. — **Epilobium pudicum** Greene.

D'après l'herbier de Saint-Louis.

(Grandeur naturelle).

Pl. CCV. — **Epilobium nivale** Meyen.
D'après l'herbier de l'Académie de Géographie botanique.
(Grandeur naturelle).

PL. CCVI. — **Epilobium paddoense** Lévl.

D'après l'herbier de Saint-Louis.

(Grandeur naturelle).

PL. CCVII. — **Epilobium pseudo-scaposum** Haussk.

D'après l'herbier de Saint-Louis.

(Grandeur naturelle).

PL. CCVIII. — **Epilobium Haenkeanum** Haussk.

D'après l'herbier de l'Académie de Géographie botanique.

(Grandeur naturelle).

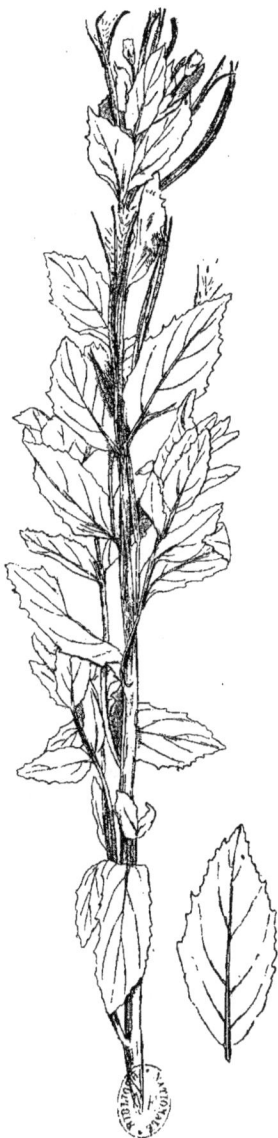

Pl. CCIX. — **Epilobium australe** Pœppig. et Haussk.

D'après l'herbier Boissier.

(4/5 de grandeur).

PL. CCX. — **Epilobium peruvanum** Haussk.

D'après l'herbier de Kew.

(4/5 de grandeur).

PL. CCXI. — **Epilobium denticulatum** Ruiz et Pavon.

D'après l'herbier Boissier.

(Grandeur naturelle).

16

PL. CCXII. — **Epilobium Lechleri** Philippi et Haussk.
D'après l'herbier de l'Académie de Géographie botanique.
(2/3 de grandeur).

PL. CCXIII. — **Epilobium Parishii** Trelease.
D'après l'herbier de l'Académie de Géographie botanique.
(2/3 de grandeur).

PL. CCXIV. — **Epilobium Parishii** Trelease.

D'après l'herbier Boissier.

(2/3 de grandeur).

PL. CCXV. — **Epilobium brevistylum** Barbey.

D'après l'herbier de l'Académie de Géographie botanique.

(2/3 de grandeur).

PL. CCXVI. — **Epilobium glaberrimum** Barbey.

D'après l'herbier Boissier.

(4/5 de grandeur).

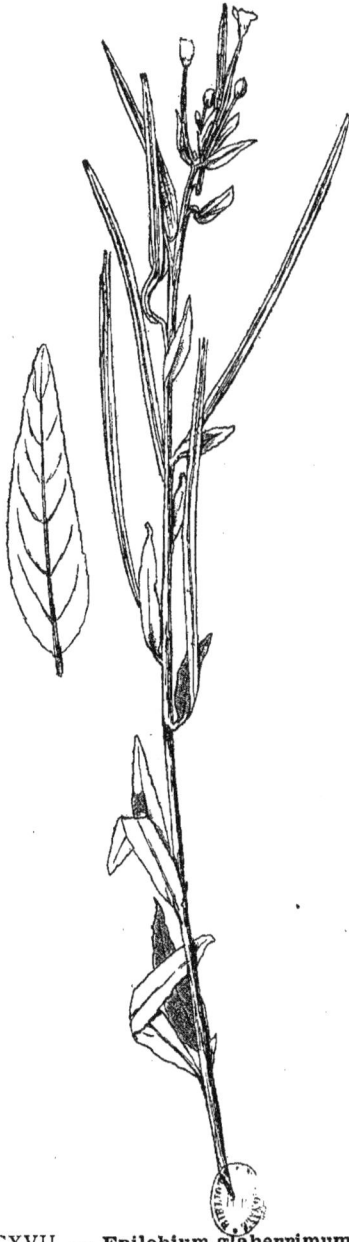

PL. CCXVII. — **Epilobium glaberrimum** Barbey.

D'après l'herbier Boissier.

(Grandeur naturelle).

PL. CCXVIII. — **Epilobium saximontanum** Haussk.
D'après l'herbier de l'Académie de Géographie botanique.
(Grandeur naturelle).

PL. CCXIX. — **Epilobium Smithii** Lévl.
D'après l'herbier de Saint-Louis.
(Grandeur naturelle).

PL. CCXX. — **Epilobium canadense** Lévl.

D'après l'herbier de l'Académie de Géographie botanique.

(3/5 de grandeur).

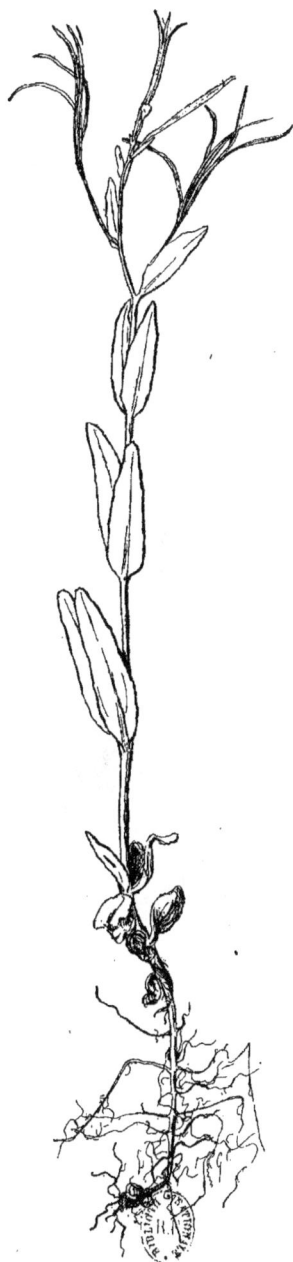

PL. CCXXI. — **Epilobium delicatum** Trelease.

D'après l'herbier Boissier.

(2/3 de grandeur).

PL. CCXXII. — **Epilobium clavatum** Trelease.
D'après l'herbier de Saint-Louis.
(3/4 de grandeur).

PL. CCXXIII. — **Epilobium Bongardi** Haussk.
D'après l'herbier de Saint-Pétersbourg.
(2/3 de grandeur).

PL. CCXXIV. — **Epilobium Behringianum** Haussk.

D'après l'herbier de Saint-Louis.

(Grandeur naturelle).

Pl. CCXXIV *bis*. — **Epilobium Ostenfeldii** Lévl.

D'après l'herbier de Copenhague.

(Grandeur naturelle).

NOTE EXPLICATIVE

L'*Epilobium luteum* Pursh à fleurs jaunes se distingue immédiatement de tout autre. Près de lui se place l'*E. Treleasianum* Lévl. qui s'en distingue uniquement par ses fleurs d'un rose violacé.

Puisque nous sommes dans le groupe des épilobes à stigmate quadrifide, nous séparerons les *E. paniculatum* Nutt. et *obcordatum* Gray dont le premier a les feuilles lancéolées-aiguës, tandis que le second a les feuilles ovales-obtuses. Tous les deux se différencient des *E. rigidum* Haussk. et *suffruticosum* Nutt. par leur calice en entonnoir et non en cloche comme chez ces derniers. L'*E. jucundum* n'est qu'une race à grandes fleurs du *paniculatum*.

L'*E. rigidum* présente des feuilles nettement pétiolées et de larges fleurs. Celles-ci sont petites chez l'*E. suffruticosum* dont les feuilles sont en outre, peu ou pas pétiolées.

Intermédiaire entre les épilobes à stigmate quadrifide et ceux à stigmate indivis est l'*E. minutum* Lindl. à stigmate pelté dont l'*E. adscendens* Suksdorf n'est qu'une variété. Bien reconnaissable à ses grandes fleurs l'*E. Watsoni* Barbey rappelle par son port et son indument, notre *parviflorum*.

Nombreux sont en Amérique, les épilobes à feuilles linéaires ou à feuilles lancéolées-linéaires.

Parmi ceux dont la tige est dépourvue de lignes, nous séparons les *strictum, lineare, pseudo-lineare, puberulum, brasiliense, densifolium*.

Les *strictum* et *lineare* se distinguent de prime abord par leurs feuilles très entières. Le *lineare* n'a qu'une seule nervure visible à ses feuilles qui sont divariquées, étalées ou réfléchies tandis qu'elles sont appliquées contre la tige ou dressées chez le *strictum*.

Le *densifolium* et le *puberulum* ont leurs feuilles imbriquées, mais chez le premier elles sont acuminées tandis qu'elles sont obtuses chez le second.

Les *brasiliense* et *pseudo-lineare* sont fort voisins, mais le premier a les capsules moins longues et moins robustes et n'est pubescent qu'au sommet.

Les *E. doriphyllum, oregonense* et *Pringleanum* ont des lignes à la tige. Le premier se distingue des derniers par ses feuilles très denticulées et sa taille robuste.

L'*oregonense* a la tige presque nue au sommet. Les feuilles sont légèrement sinuées, dentées à dents très espacées chez l'*oregonense*, très entières chez le *Pringleanum* à foliation décroissante au sommet.

L'*E. Ostenfeldii* se distingue du *Pringleanum* par ses feuilles dentées et de l'*oregonense* par ses feuilles obtuses.

Restent parmi les épilobes dépourvus de lignes, deux espèces fort intéressantes, très glabres, l'une le *pruinosum* Haussk. pruineux et à tige compressible, l'autre, le *glaberrimum* Barbey, très nettement glauque, à tige dure, tantôt à feuilles lancéolées-linéaires, tantôt à feuilles élargies, presque ovales.

Les *E. australe, peruvianum, denticulatum* et *Lechleri* ont une dentition particulière et très irrégulière. Le *peruvianum* a les feuilles très nettement obtuses et les dents rapprochées.

Le *denticulatum* a les denticules écartées et les feuilles sont obtusiuscules; l'*australe* a les feuilles larges profondément dentées; celles du *Lechleri* sont au contraire plutôt petites et à dents peu profondes, peu ou pas aiguës. Près de ce groupe, il nous faut placer le *glaucum*, dont la couleur et les dents accentuées et espacées, mais régulières, facilitent la reconnaissance.

L'*E. holosericeum* tranche nettement par sa villosité, c'est une sorte d'*hirsutum* à petites fleurs.

Si nous considérons les menues espèces, nous aurons à différencier les *E. tenellum, andinum, pudicum, nivale, paddoense*. Le *pudicum* a tout à fait le port de notre *anagallidifolium* européen auquel il se rattache; le *paddoense* est une espèce microphylle comme le *nivale*, mais le *nivale* est ordinairement rameux dès la base et a les feuilles obtuses, deux caractères qui le séparent du *paddoense*.

Les *E. andinum* et *tenellum* sont deux formes d'une même espèce; chez le *tenellum* la dentition est beaucoup moins accentuée.

Nous voici amené naturellement au groupe *alpinum* qui comprend en Amérique, outre le *pudicum* dont nous venons de parler, le *clavatum*, le *Behringianum*, le *Bongardi*, le *pseudo-scaposum*, le *canadense* et le *delicatum*.

Le *clavatum* a les feuilles anguleuses et même suborbiculaires dans sa variété *ovatum*. Les *canadense* et *delicatum* ont les feuilles peu ou pas denticulées, pétiolées et distantes chez le *canadense*, qui rappelle le *lactiflorum*, presque uninervées, rapprochées et sessiles chez le *delicatum*.

Le *pseudo-scaposum* a les tiges nues ou peu feuillées; le *Behringianum* présente ordinairement des tiges nombreuses; les feuilles sont subsessiles tandis que le *Bongardi* à tige simple a les feuilles pétiolées.

Vient un groupe important d'espèces à feuilles plutôt petites, ovales ou lancéolées. Nous y rangerons les *E. meridense, andicolum, repens, ramosum, lignosum, Barbeyanum* (gracile), *leptocarpum* et *Alaskae*.

Les *E. meridense, andicolum* et *repens* sont fort voisins comme port. L'*E. repens*, outre sa tige radicante, a la tige velue sur deux faces seulement et non tout autour comme chez l'*andicolum* et le *meridense*. Ce dernier a ses capsules glabrescentes, tandis qu'elles sont nettement pubescentes chez l'*andicolum*.

Les *lignosum, ramosum* et *Barbeyanum* sont assez étroitement apparentés; chez le *lignosum*, la souche et la base de la tige sont grosses et ligneuses, les feuilles sont peu ou pas dentées; le *ramosum* paraît se rattacher au *Barbeyanum* à feuilles sinuées-dentées et à tige ordinairement simple.

Ces espèces de l'extrême sud rappellent les formes suivantes de l'extrême nord. Nous trouverons tout à l'heure le même parallélisme dans les espèces à larges feuilles.

Le *leptocarpum* présente deux formes, le *Macounii* à capsules nettement stipitées et l'*Alaskae* à larges feuilles et à tige robuste.

Les *helodes, ursinum* et *Haenkeanum* ont leurs feuilles à dents très rapprochées. L'*ursinum* nettement velu a les feuilles subtriangulaires, décroissant régulièrement depuis la base, tandis qu'elles sont dilatées en leur milieu chez les *helodes* et l'*Haenkeanum*. L'*helodes* se différencie de ce dernier par ses feuilles érodées et rappelant un peu, par leur forme et leur disposition imbriquée, celles de l'*Helodes palustris*.

Un peu plus hétéroclite est le groupe suivant qui compte quelques formes assez accentuées : telles l'*E. Bonplandianum* à feuilles assez petites, triangulaires et tronquées à la base; le *Congdoni* à fleurs axillaires tout le long de la tige et à capsules dépassant les feuilles assez petites, ovales et non décroissantes. Les *E. saximontanum*, *Smithii* et *caesium* offrent assez d'analogies. Le *caesium* a la tige compressible, les feuilles flasques, à peine dentées et presque obtuses; le *saximontanum* a les feuilles plus aiguës et plus fermes. Le *Smithii* semble être une dépendance de cette espèce.

Nous passons naturellement aux *Drummondii*, *brevistylum*, *Halleanum*, *magellanicum* et *novo-mexicanum*. L'*Halleanum* turionifère et non rosulifère est totalement velu. Le *novo-mexicanum* a les feuilles pétiolées; le *brevistylum* a l'aspect du *Drummondii* dont il s'écarte par ses feuilles inférieures obtuses et subentières, par son aspect blanchâtre et la couleur paille de sa tige.

Le *magellanicum* se reconnaît à ses feuilles connées-décurrentes qui l'éloignent des précédents.

Les *americanum*, *Palmeri* et *Parishii* constituent un petit lot d'épilobes à feuilles lancéolées-allongées mais molles, flasques et à dents peu prononcées ou presque nulles. L'*americanum* rappelle beaucoup le *Griffithianum* d'Asie. Les feuilles sont entières ou subentières et pétiolées. Il se rapproche du *Palmeri* à feuilles denticulées par ce dernier caractère, mais s'eloigne du *Parishii* dont les feuilles sont obtuses, du moins les inférieures et qui porte à sa base de nombreux et caractéristiques rejets.

Les *coloratum*, *mexicanum* et *californicum* sont de très robustes espèces que l'on peut différencier ainsi : *E. coloratum*, à feuilles serrulées atténuées en pétiole distinct, souvent rougeâtres, aigrette ordinairement rousse; *E. mexicanum* à feuilles à dents en scie; *E. californicum* à feuilles brusquement contractées à la base et à dents calleuses.

Enfin les *E. adenocaulon*, *boreale*, *valdiviense*, *Franciscanum*, *glandulosum* et *chilense* forment un ensemble complexe.

Le *boreale* a les feuilles nettement pétiolées et de très grande dimension; elles sont aussi pétiolées quoique très courtement chez l'*adenocaulon*, glanduleux au sommet et dont la variété *occidentale* a le port d'un *E. montanum* à petites fleurs; le *subcaesium* dépend de l'*adenocaulon*. Les quatre autres espèces ont les feuilles sessiles. Le *Franciscanum* émet de sa souche des rosettes, tandis que les *E. glandulosum, chilense* et *valdiviense* émettent des turions. Le *glandulosum* ordinairement glanduleux a les feuilles nettement surdentées, tronquées à la base; elles ne sont pas surdentées mais faiblement denticulées et cordées chez le *chilense* et le *valdiviense*. Le *chilense* se sépare du *valdiviense* par la glandulosité de ses sommités.

A ces espèces il faut ajouter :

> *E. latifolium* L.
> *E. spicatum* Lamk.
> *E. palustre* L.
> *E. davuricum* Fisch.
> *E. lactiflorum* Haussk.
> *E. anagallidifolium* Lamk.·
> *E. Hornemanni* Rchb.

communs à l'Asie et à l'Europe; l'Amérique compte donc environ 80 espèces d'Epilobes.

Epilobes d'Europe

PL. CCXXV. — **Epilobium latifolium** L.

D'après l'herbier de l'Académie de Géographie botanique.

(Grandeur naturelle)

Pl. CCXXVI. — **Epilobium spicatum** Lamk.

D'après l'herbier de l'Académie de Géographie botanique.

(Sommité ; 1/2 grandeur).

PL. CCXXVII. — **Epilobium Dodonæi** Vill.

D'après l'herbier de l'Académie de Géographie botanique.

(Grandeur naturelle).

Feuille grossie 2 fois 1/2.

PL. CCXXVIII. — **Epilobium Dodonæi** Vill.
Var. CAUCASICUM Hausskn.
D'après l'herbier Boissier.
(2/3 de grandeur).

Pl. CCXXIX. — **Epilobium Dodonæi** Vill.

Var. Fleischeri Hochst.

D'après l'herbier de l'Académie de Géographie botanique.

(2/3 de grandeur).

PL. CCXXX. — **Epilobium hirsutum** L.

D'après l'herbier de l'Académie de Géographie botanique.

(2/3 de grandeur).

Pl. CCXXXI. — **Epilobium hirsutum** L.

D'après un dessin de M. Al. Acloque.

PL. CCXXXII. — **Epilobium parviflorum** Schreb.
D'après l'herbier de l'Académie de Géographie botanique.
(1/2 grandeur).

PL. CCXXXIII. — Epilobium montanum L.

D'après l'herbier de l'Académie de Géographie botanique.

(2/3 de grandeur).

PL. CCXXXIV. — **Epilobium montanum** L.

Var. DUBIUM Lévl.

D'après l'herbier de l'Académie de Géographie botanique.

(2/3 de grandeur).

Pl. CCXXXV. — **Epilobium montanum** L.

Var. Gentilianum Lévl.

D'après l'herbier de l'Académie de Géographie botanique.

(3/4 de grandeur).

PL. CCXXXVI. — **Epilobium Durieui** Gay.

D'après l'herbier de l'Académie de Géographie botanique.

(3/4 de grandeur).

PL. CCXXXVII. — **Epilobium lanceolatum** Seb. et Maur.

D'après l'herbier de l'Académie de Géographie botanique.

(Forme de passage ; 3/4 de grandeur).

PL. CCXXXVIII. — **Epilobium lanceolatum** Seb. et Maur.
D'après l'herbier de l'Académie de Géographie botanique.
(2/3 de grandeur).

Pl. CCXXXIX. — **Epilobium lanceolatum** Seb. et Maur.

Forme RIGIDUM Lévl.

D'après l'herbier de l'Académie de Géographie Botanique.

(3/4 de grandeur).

PL. CCXL. — **Epilobium lanceolatum** Seb. et Maur.

Var. MACROCATOMISCHUM Lévl.

D'après l'herbier de l'Académie de Géographie botanique.

(2/3 de grandeur).

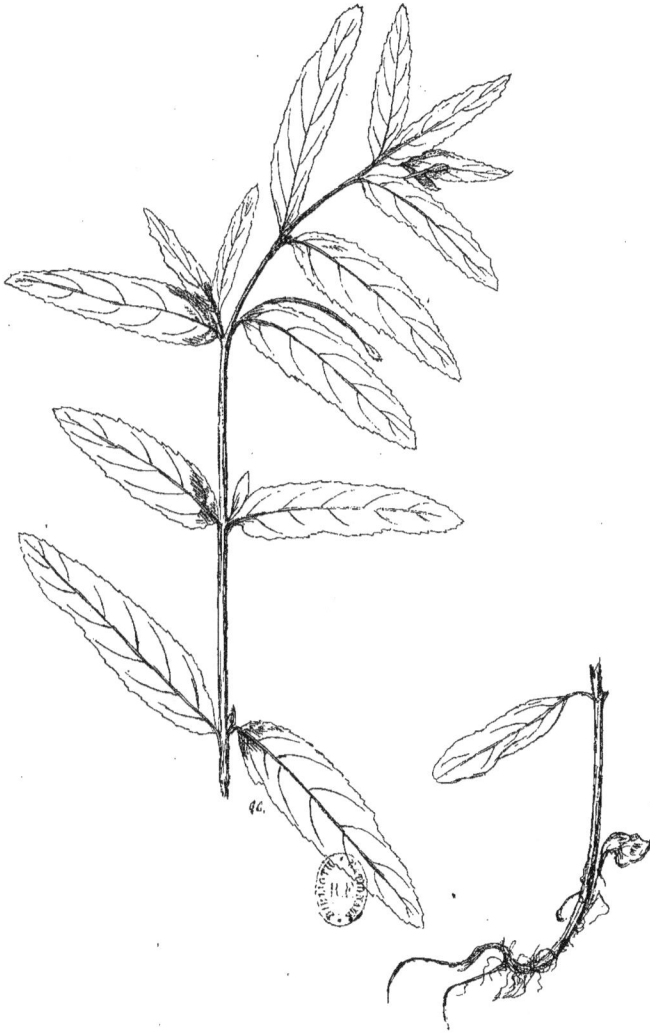

PL. CCXLI. — × **Epilobium Lamotteanum** Haussk.

E. LANCEOLATUM Seb. et Maur × E. GILLOTI Lévl.

(E. MADERENSE Hausskn).

D'après l'herbier de l'Académie de Géographie botanique.

(3/4 de grandeur).

Pl. CCXLII. — **Epilobium lanceolatum** Seb. et Maur.

Var. ᴛʀᴀᴍɪᴛᴜᴍ Lévl.

D'après l'herbier de l'Académie de Géographie botanique.

(2/3 de grandeur).

PL. CCXLIII. — **Epilobium collinum** Gmel.

D'après l'herbier de l'Académie de Géographie botanique.

(2/3 de grandeur).

Pl. CCXLIV. — **Epilobium hypericifolium** Tausch.
D'après l'herbier de l'Académie de Géographie botanique.
(3/4 de grandeur).

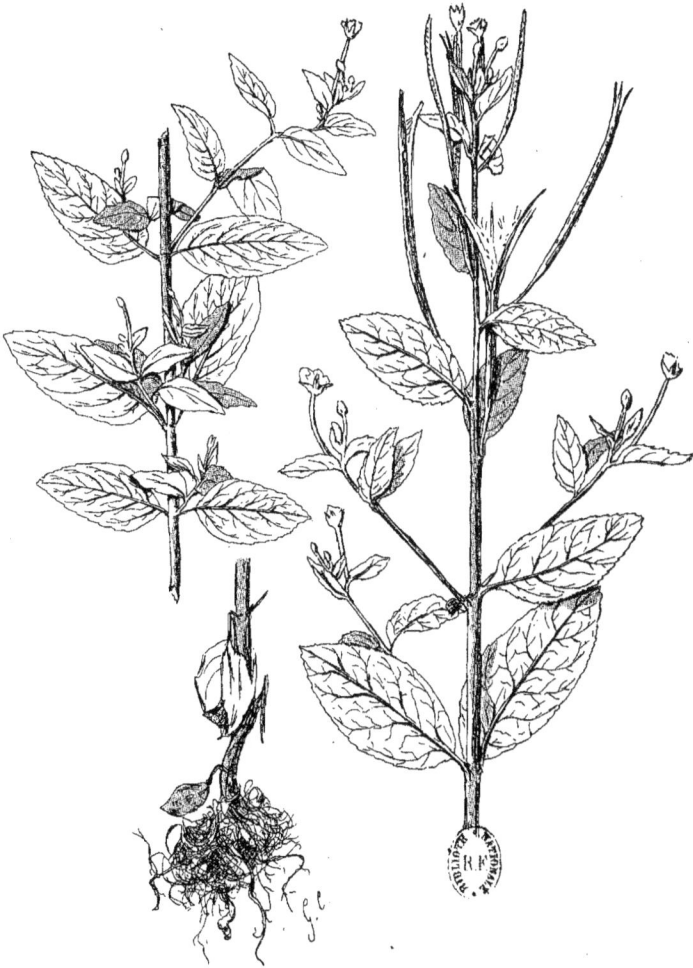

PL. CCXLV. — **Epilobium roseum** Schreb.

D'après l'herbier de l'Académie de Géographie botanique.

(2/3 de grandeur).

PL. CCXLVI. — **Epilobium trigonum** Schrank.

D'après l'herbier de l'Académie de Géographie botanique.

(2/3 de grandeur).

PL. CCXLVII. — **Epilobium tetragonum** L.
D'après l'herbier de l'Académie de Géographie botanique.
(2/3 de grandeur).

Pl. CCXLVIII. — **Epilobium tetragonum** L.

D'après l'herbier de l'Académie de Géographie botanique.

(2/3 de grandeur).

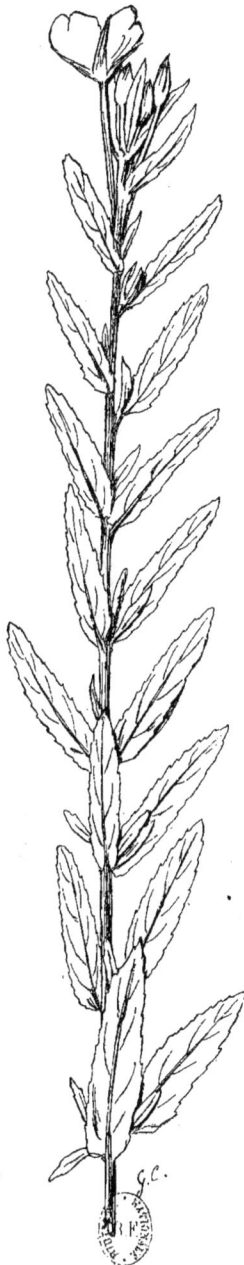

Pl. CCXLIX. — **Epilobium Tourneforti** Michalet.

D'après l'herbier de l'Académie de Géographie botanique.

(Grandeur naturelle).

PL. CCL. — **Epilobium Lamyi** Schultz.

D'après l'herbier de l'Académie de Géographie botanique.

(3/4 de grandeur).

PL. CCLI. — **Epilobium tetragonum L.**

Var. LEVEILLEANUM Rouy et Camus.

D'après l'herbier de l'Académie de Géographie botanique.

(1/2 grandeur).

PL. CCLII. — **Epilobium tetragonum** L.

Var. PARMENTIERI Lévl.

D'après l'herbier de l'Académie de Géographie botanique.

(1/2 grandeur).

Pl. CCLIII. — **Epilobium Gilloti** Lévl.

(**obscurum** Schreb. p. p).

F. *virgatum* Vill. F. *virgatum* Lamk. et Fr. Herb. norm.

D'après l'herbier de l'Académie de Géographie botanique.

(1/2 grandeur).

PL. CCLIV. — **Epilobium Gilloti** Lévl.

F. *virgatum* Fries (in *Summa Veget*).

D'après l'herbier de l'Académie de Géographie botanique.

(1/2 grandeur).

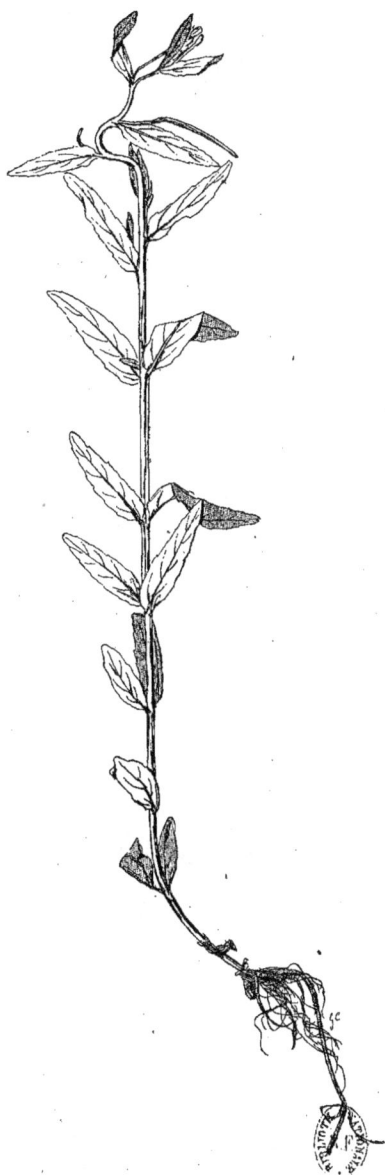

PL. CCLV. — **Epilobium Gilloti** Lévl.

F. *chordorhizum* Fries.

D'après l'herbier de l'Académie de Géographie botanique.

(2/3 de grandeur).

PL. CCLVI. — **Epilobium Gilloti** Lévl.
D'après l'herbier de l'Académie de Géographie botanique.
(Grandeur naturelle).

PL. CCLVII. — **Epilobium Gilloti** Lévl.

D'après l'herbier de l'Académie de Géographie botanique.

(2/3 de grandeur).

PL. CCLVIII. — **Epilobium Gilloti** Lévl.

Var. *lucidum* Lévl.

D'après l'herbier de l'Académie de Géographie botanique.

(3/4 de grandeur).

PL. CCLIX. — **Epilobium Gilloti** Lévl.

Var. LUCIDUM Lévl.

Forme *obtusifolium* Lévl.

D'après l'herbier de l'Académie de Géographie botanique.

(3/4 de grandeur).

Pl. CCLX. — **Epilobium palustre** L.

D'après l'herbier de l'Académie de Géographie botanique.

(1/2 grandeur).

PL. CCLXI. — **Epilobium**   palustre L.

D'après l'herbier de l'Académie   *de Géographie botanique.*

(Grandeur   naturelle).

PL. CCLXII. — **Epilobium davuricum** Fischer.
D'après l'herbier de l'Académie de Géographie botanique.
(Grandeur naturelle).

Pl. CCLXIII. — **Epilobium nutans** Schm.

D'après l'herbier de l'Académie de Géographie botanique.

(Grandeur naturelle).

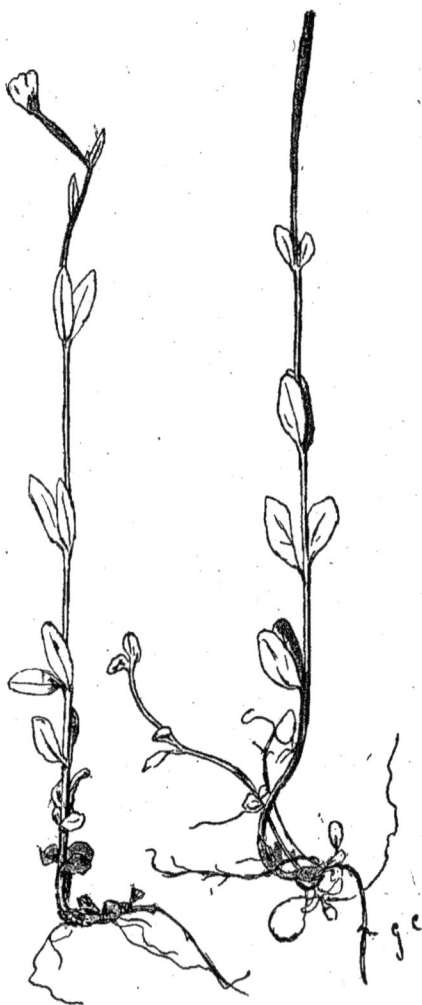

Pl. CCLXIV. — **Epilobium anagallidifolium** Lamk.
D'après l'herbier de l'Académie de Géographie botanique.
(Grandeur naturelle).

PL. CCLXV. — **Epilobium anagallidifolium** Lamk.
D'après l'herbier de l'Académie de Géographie botanique.
(Grandeur naturelle).

PL. CCLXVI. — **Epilobium anagallidifolium** Lamk.
D'après l'herbier de l'Académie de Géographie botanique.
(Grandeur naturelle).

Pl. CCLXVII. — **Epilobium alsinifolium** Vill.

D'après l'herbier de l'Académie de Géographie botanique.

(Grandeur naturelle).

Pl. CCLXVIII. — **Epilobium alsinifolium** Vill.

D'après l'herbier de l'Académie de Géographie botanique.

(Grandeur naturelle).

Pl. CCLXIX. — **Epilobium alsinifolium** Vill.

D'après l'herbier de l'Académie de Géographie botanique.

(3/4 de grandeur).

Pl. CCLXX. — **Epilobium Villarsii** Lévl.

D'après l'herbier de l'Académie de Géographie botanique.

(Grandeur naturelle).

Pl. CCLXXI. — **Epilobium Hornemanni** Reich.

D'après l'herbier de l'Académie de Géographie botanique.

(2/3 de grandeur).

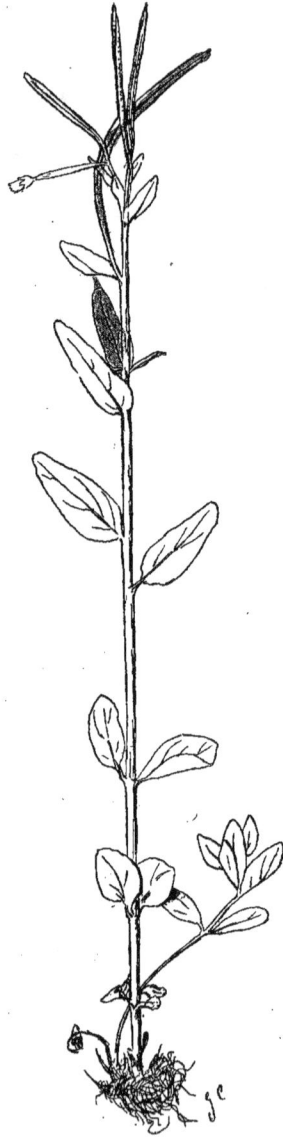

PL. CCLXXII. — **Epilobium alpinum** L.

E. lactiflorum Haussk.

D'après l'herbier de l'Académie de Géographie botanique.

(3/4 de grandeur).

NOTICE EXPLICATIVE

Les Epilobes d'Europe ne sont pas difficiles à différencier ; cela tient à ce qu'ils sont peu nombreux et ont été souvent observés de telle façon que l'on a pu savoir si l'on avait affaire à des espèces ou à de simples formes, sans craindre, en outre, d'élever au rang d'espèces des formes hybrides.

Bien distinct est l'*E. latifolium* dont l'aspect glaucescent et les feuilles larges pour leur longueur l'écartent immédiatement du *spicatum*. Ce dernier, avec ses feuilles élargies, se distingue du *Dodonœi* Vill. à feuilles de romarin. Nous avons cependant vu, une fois, une forme intermédiaire entre ces deux espèces, qui n'était pas un hybride, ce qui explique que Linné ait réuni ces deux espèces.

Les *E. hirsutum* et *parviflorum* sont voisins ; le premier se différencie du second par ses énormes stolons et ses feuilles amplexicaules ; ses fleurs sont aussi doubles de celles du *parviflorum*.

Le *montanum* a les feuilles ovales et pétiolées ; tantôt il présente des stolons écailleux jaunâtres et des fleurs plus grandes, c'est alors le *Durieui* Gay ; tantôt ses feuilles deviennent lancéolées ; on a alors le *lanceolatum* Seb. et Maur. dont les fleurs penchées restent plus longtemps blanches. Sur les montagnes ou collines sèches, les feuilles deviennent petites et très dentées, ce qui donne le *collinum* Gmel. dont les fleurs rappellent celles du *lanceolatum*.

L'*E. roseum* Schreb. est très remarquable par ses feuilles nettement et souvent longuement pétiolées, et très curieusement réticulées ; ses fleurs rappellent celles du *lanceolatum*, il est curieux que cette espèce non variable soit si souvent méconnue par la plupart des botanistes.

L'*E. trigonum* a le port d'un *montanum*, mais le stigmate indivis et les lignes de la tige l'en distinguent aisément.

Quant au très variable *tetragonum*, parfois il est décombant ou grêle à tige fistuleuse compressible; c'est le *Gilloti* Lévl. plus compréhensif que l'ancien *obscurum* Schreb. Parfois il a ses feuilles pétiolées et ses rosettes radicales persistantes; on a alors le *Lamyi*. Si les fleurs sont doubles ou triples de la dimension courante, on est en présence du *Tournefortii* Michal.

L'*E. palustre* se reconnaît à ses feuilles entières et aux bulbilles radicaux portés par de longs rejets filiformes. Sur les montagnes, il donne le *nutans* Schm. dépourvu de bulbilles radicaux.

Le *davuricum* Fisch. est voisin du *palustre*, mais l'absence de stolons et les feuilles subdenticulées l'en écartent immédiatement. Très voisin du *palustre* est l'*hypericifolium* Tausch. curieuse plante à feuilles absolument entières, mais le stigmate quadrifide, l'absence complète de stolons et les larges feuilles non roulées aux bords ne permettent pas de le confondre.

Aussi complexe que le *tetragonum* est l'*alpinum* Lévl. non L. Il passe du *Villarsii* Lévl. à larges feuilles et à stolons jaunâtres bien accentués à l'*anagallidifolium* Lam. à feuilles très petites, peu ou pas dentées et à stolons feuillés. La forme *alsinifolium* Vill., intermédiaire entre les deux formes extrêmes est flexueuse décombante; elle a tantôt les stolons écailleux jaunâtres du *Villarsii*, tantôt les stolons feuillés de l'*anagallidifolium*, mais elle n'a pas le port dressé ni les larges feuilles du premier.

L'*E. lactiflorum* Haussk. n'est autre que l'*alpinum* L. in herbier Linné, stricto sensu. C'est une forme des régions froides du nord, à fleurs blanches, à feuilles obtuses et à port aussi dressé que celui du *Villarsii*.

Quant à l'*E. Hornemanni* Rchb. des régions froides, il se différencie du *lactiflorum* par ses fleurs violettes et ses graines papilleuses.

L'*E. maderense* Haussk. est l'hybride du *lanceolatum* $\times$ *Gilloti*. Nous en avons acquis la certitude.

Quant à l'*E. gemmiferum* Bor. que nous avons figuré près du *gemmascens* Mey. dans les Epilobes d'Asie, nous ne sommes fixé ni sur son hybridité ni sur ses parents. D'où lui viennent ses bulbilles ?

LES

Epilobes Hybrides

Le nom de la plante qui a fourni le pollen est placé en second. L'hybride a ordinairement le port de la mère et les fleurs du père.

Nous appliquons ici notre notation des hybrides qui permet tout de suite de savoir quels sont les parents de la plante hybride. Nous indiquons ensuite le nom binaire. Chez les Epilobes il est nécessaire que les deux combinaisons auxquelles donne lieu l'hybridation soient clairement indiquées. Nous supprimons les métis ou croisement entre races ou variétés d'une même espèce (1).

EUROPE

E. ALPINUM Lévl.

alsinifolium Vill. collinoides == Huteri Borb.

Durieuoides = pyrenaicum Haussk.

Hornemannioides ≡approximatum Haussk.

montanoides = subalgidum Haussk (2).

nutansioides ≐ finitimum Haussk.

Gillotioides = rivulicolum Haussk.

palustroides ⇒ Haynaldianum Haussk.

roseoides ⇒ alpicolum Rouy et Cam.

trigonoides = amphibolum Haussk.

(1) Nous considérons comme métis : *E. Boissieri* Haussk. (alsinifolium ╳ anagallidifolium); *Dovrense* Haussk. (anagallidifolium ╳ lactiflorum); *Borderianum* Haussk. (collinum ╳ Durieui); *Tarni* de Larambergue (collinum ╳ lanceolatum); *confine* Haussk. (collinum ╳ montanum); *intersitum* Haussk. (Durieui ╳ montanum); *semiobscurum* Borbas(Lamyi ╳ Gilloti); *neogradiense* Borbas (lanceolatum ╳ montanum); *similatum* Haussk. (nutans ╳ palustre).

(2) A pour synonymes : salicifolium Facchini ; Grenieri Rouy et Camus.

anagallidifolium Lamk. Gillotioides = Gerardi Rouy et Cam.

Hornemannioides = Blyttianum Haussk.

nutansioides = Celakovskyanum Haussk.

palustroides = dasycarpum Fr.

lactiflorum Haussk. palustroides = consociatum Haussk.

Villarsii Lévl. parvifloroides = Pellatianum Lévl.

E. DAVURICUM Fisch. lactifloroides = norvegicum Haussk.

palustroides = Lindblomianum Haussk.

E. HIRSUTUM L.   Lamyoides = ratisbonense Rubner.

lanceolatoides = anglicum Marsh.

montanoides = erroneum Haussk.

parvifloroides = intermedium Rchb.

Tournefortioides = nebrodense Strobl.

E. HORNEMANNI Rchb. lactifloroides = commutatum Haussk.

palustroides = connexum Haussk.

E. MONTANUM L.

collinum Gmel. anagallidifolioides = pseudo-nivale Lévl.

Gillotioides = decipiens Sch.

palustroides = Krausei Uecht. et Haussk.

parvifloroides = Schulzeanum Haussk.

roseoides = glanduligerum Knaf.

Durieuei Gay palustroides = udicolum Haussk.

lanceolatum Seb. et M. Gillotioides = maderense Haussk. (1).

palustroides = Langeanum Haussk.

parvifloroides = Aschersonianum Haussk.

roseoides = abortivum Haussk.

montanum L. Gillotioides = aggregatum Celak.

Lamyoides = Le Grandianum Lambert.

(1) A pour synonyme : Lamotteanum Haussk.

palustroides = montaniforme Knaf.

parvifloroides = limosum Schur.

roseoides = heterocaule Borbas

tetragonoides = Freynii Celak.

trigonoides = pallidum Tausch.

E. PALUSTRE L. Gillotioides = Schurdstianum Rostk.

parvifloroides = rivularé Wahl.

roseoides = purpureum Fr.

trigonoides = vogesiacum Haussk.

E. PARVIFLORUM Schreb. Durieuoides = chambesyanum Lévl·

Gillotioides = Dörflerianum Lévl.

hirsutoides = velutinum Lévl.

Lamyoides = Imbaultianum Lambert.

montanoides = crassicaule Gremli.

roseoides = persicinum Rchb.

E. ROSEUM Schreb. collinoides = Knafii Rubner.

Gillotioides = badense Lévl.

montanoides = turicense Lévl.

palustroides = Gandogerianum Lévl.

parvifloroides = opacum Peterm.

trigonoides = salisianum Brügg.

Villarsioides = sempronianum Lévl.

E. SPICATUM Lamk. Dodonaeoides = gracileBrügg.

E. TETRAGONUM L.

Gilloti Lévl. alsinifolioides = arvernense Rouy et Cam.

Durieuoides = Charbonnelianum Lévl.

lanceolatoides = Martrini Lévl.

montanoides = Blockianum Lévl.

palustroides = Schmidtianum Rostkov.

parvifloroides = dacicum Borbas.

roseoides = brachiatum Celak.

trigonoides = Uechtritzianum Pax.

Lamyi Schr. collinoides = Eriksoni Lévl.

lanceolatoides = ambigens Haussk.

montanoides = Haussknechtianum Borbas.

parvifloroides = palatinum Sch.

roseoides = Dufftii Haussk.

Gillotioides = thuringiacum Haussk.

tetragonum L. hirsutoides = brevipilum Haussk.

Lamyoides = semiadnatum Borb.

lanceolatoides = fallacinum Haussk.

montanoides = Beckhausii Haussk.

palustroides = Laschianum Haussk.

parvifloroides = Weissenburgense Sch.

roseoides = Borbasianum Haussk.

trigonoides = Carthusianorum Lévl.

E. TRIGONUM Sch. Durieuoides = Ninckii Corbière.

montanoides = Hugueninii Brügg.

roseoides = Mouillefarinei Lévl.

ASIE

E. ALSINIFOLIUM Vill. montanoides = subalgidum Haussk.

E. HIRSUTUM L. Duclouxioides = Meyi Lévl.

AMÉRIQUE

E. ADENOCAULON Haussk. canadensoides = Lemayi Lévl.

parvifloroides = Iohanssoni Lévl.

E. BONGARDI Haussk. leptocarpoides = Lloydii Lévl.

E. BREVISTYLUM Barbey leptocarpoides = Herveyi Lévl.

E. CANADENSE Lévl. Hornemannioides = Reedii Lévl.

E. COLORATUM Muehl. linearoides = Brittonii Lévl.

E. GLABERRIMUM Barbey Hornemannioides = atrichum Lévl.

E GLANDULOSUM Lehm. palustroides = Terrænovæ Lévl.

E. NOVO-MEXICANUM Haussk. coloratoides = Fendleri Haussk.

E. PANICULATUM Nutt. obcordatoides = Sargenti Lévl.

OCÉANIE

E. BILLARDIERIANUM Ser. junceoides = Wawræ Lévl.

E. HIRTIGERUM Cunningh. junceoides = Leichardtii Lévl.

E. JUNCEUM Sol. pubensoides = Lessonii Lévl.

Enumération et dispersion des Espèces

1 — *Epilobium Komarovianum* Lévl. in Fedde, Repertorium, V, 1908, p. 98. — Nouvelle-Zélande.

1 — *Epilobium Boissierii* Lévl.

2 — *Epilobium caespitosum* Hausskn. in Monogr. Epilobium, 1884, p. 301. — Nouvelle-Zélande.

3 — *Epilobium pedunculare* Cunningh. in Ann. Nat. hist. III, 1838, p. 32. — Nouvelle-Zélande ; île Auckland.

4 — *Epilobium nummularifolium* Cunningh. in Ann. Nat. hist., 1838, p. 31. — Nouvelle-Zélande.

5 — *Epilobium linnaeoides* Hook. in Fl. antarct., I, 1847, p. 10. — Nouvelle-Zélande.

6 et 7 — *Epilobium rotundifolium* Forst. in Prodr., 1786, n° 161. — Nouvelle-Zélande ; Iles Auckland et Chatham.

8 — *Epilobium diversifolium* Hausskn. in Monogr., p. 300. — Terre de Van Diemen.

9 — *Epilobium insulare* Hausskn. in Monogr., p. 300. — Nouvelle-Zélande.

10 — *Epilobium pubens* Less. et Rich. in Voy. Astrol., I, 1832, p. 329. — Australie ; Nouvelle-Zélande ; île Chatham.

11 — *Epilobium purpuratum* Hook. in Handb. N° Z. Flora, 1864, p. 77. — Nouvelle-Zélande.

12 — *Epilobium macropus* Hook. in Ic. Pl., V, 1852, pl. 812. — Nouvelle-Zélande.

13-14 — *Epilobium chloraefolium* Hausskn. in Skof., XXIX, 1879, p. 149. — Nouvelle-Zélande.

15 — *Epilobium Billardierianum* Ser. in DC., Prodr., III, 1828, p. 41. — Australie ; Nouvelle-Zélande ; Tasmanie ; îles Chatam et Auckland.

16 — *Epilobium sarmentaceum* Hausskn. in Skof., XXIX, 1879, p. 148. — Tasmanie.

17 — *Epilobium erosum* Hausskn. in Monogr., p. 288. — Tasmanie; Australie.

18 — *Epilobium hirtigerum* Cunningh. in Ann. Nat. hist., III, 1838, p. 33. — Australie; Tasmanie; Nouvelle-Zélande.

19 — *Epilobium Gunnianum* Hausskn. in Skof., XXIX, 1879, p. 149. — Australie; Nouvelle-Zélande; Tasmanie.

20 — *Epilobium pallidiflorum* Sol. in Hausskn. Monogr., p. 292. — Australie; Tasmanie; Nouvelle-Zélande; îles Chatham et Auck-land.

21 — *Epilobium Muelleri* Lévl. in Fedde, Repertorium, V, 1908, p. 100. — Australie.

22 — *Epilobium chionanthum* Hausskn. in Skof., XXIX, 1879, p. 149. — Nouvelle-Zélande.

23 — *Epilobium crassum* Hook. in Fl. N. Zel., II, 1855, p. 328. — Nou-velle-Zélande.

24 — *Epilobium tasmanicum* Hausskn. in Monogr., p. 296. — Tasmanie; Nouvelle-Zélande.

25 — *Epilobium perpusillum* Hausskn. in Monogr., p. 301. — Tasmanie.

26 — *Epilobium alsinoides* Cunningh. in Ann. Nat. hist., III, 1838, n° 540. — Nouvelle-Zélande.

27 — *Epilobium thymifolium* Cunningh. in Ann. Nat. hist., III, 1838, p. 32. — Nouvelle-Zélande.

28 — *Epilobium Hectori* Hausskn. in Monogr., p. 298. — Nouvelle-Zélande.

29 — *Epilobium microphyllum* Less. et Rich. in Voy. Astrol., 1832, p. 325. — Nouvelle-Zélande.

30 — *Epilobium confertifolium* Hook. in Fl. Antarct., I, 1847, p. 10. — Nouvelle-Zélande.

30 — *Epilobium tenuipes* Hook. in Fl. Nouvelle-Zélande, 1853, p. 59. — Nouvelle-Zélande.

31 — *Epilobium Krulleanum* Hausskn. in Monogr., p. 305. — Nouvelle-Zélande.

32 — *Epilobium polyclonum* Hausskn. in Skof., XXIX, 1879, p. 150. — Nouvelle-Zélande.

33 — *Epilobium brevipes* Hook. in Fl. Nouvelle-Zélande, 1855, p. 328.
— Nouvelle-Zélande.

34 — *Epilobium novae-Zelandiae* Hausskn. in Monogr., p. 305. — Nouvelle-Zélande.

35 — *Epilobium glabellum* Forst. in Prodr., 1786, n° 160. — Nouvelle-Zélande.

36 — *Epilobium erubescens* Hausskn. in Skof., XXIX, 1879, p. 150.
— Nouvelle-Zélande.

37 — *Epilobium pycnostachyum* Hausskn. in Skof., XXIX, 1879, p. 150.
— Nouvelle-Zélande

38 — *Epilobium junceum* Sol. in Forst., Prodr. Append., 1786, p. 90,
n° 516. — Australie; Tasmanie; Nlle-Zélande; îles Auckland.

39 — *Epilobium melanocaulon* Hook. in Ic. Pl., V, 1852, pl. 813. — Nouvelle-Zélande.

40 — *Epilobium capense* Büchinger in Fl. Krauss, 1844, p. 425. — Afrique australe.

41 — *Epilobium biforme* Hausskn. in Monogr., p. 230. — Afrique australe.

42-43 — *Epilobium flavescens* E. Mey. in Hausskn. Monogr., p. 230.
— Afrique australe.

44 — *Epilobium Bojeri* Hausskn. in Skof., XXIX, 1879, p. 90. — Madagascar.

45 — *Epilobium jonanthum* Hausskn. in Monogr., p. 231. — Orange.

46 — *Epilobium Schimperianum* Hochst. in Schimper, Pl. Abyssinie,
sect. II, n° 972. — Abyssinie.

47 — *Epilobium stereophyllum* Fresenius in Mus. Senkenberg, II, p. 151.
— Abyssinie.

48 — *Epilobium cordifolium* Rich. Tent. Fl. Abyss., I, 1847, p. 274.
— Abyssinie.

49 — *Epilobium kilimandcharense* Lévl., in Bull. Herb. Boissier, 1907,
p. 589. — Kilimandcharo.

50 — *Epilobium fissipetalum* Steud. in Pl. Schimper Abyss., sect. II,
n° 1.248. — Abyssinie.

51 — *Epilobium natalense* Hausskn. in Monogr., p. 235. — Natal.

52 — *Epilobium Mundtii* Hausskn. in Monogr., p. 235. — Cap de Bonne-Espérance.

53 — *Epilobium Schinzii* Lévl. in Fedde, Repertorium, IV, 1907, p. 225. — Natal.

54 — *Epilobium salignum* Hausskn. in Skof. XXIX, 1879, p. 90. — Madagascar.

55 — *Epilobium neriophyllum* Hausskn. in Abh. Naturw. Vereins Breemen, VII, 1880, p. 19. — Afrique australe.

56 — *Epilobium madagascariense* Lévl. in Fedde, Repertorium, IV, 1907, p. 225. — Madagascar.

57. — *Epilobium conspersum* Hausskn. in Skof., XXIX, 1879, p. 51. — Indes orientales.

58 — *Epilobium Griffithianum* Hausskn. in Skof., XXIX, 1879, p. 51. — Afghanistan.

59-60 — *Epilobium coreanum* Lévl. in Bull. Herb. Boissier, 1907, p. 590. — Corée; Japon.

61 — *Epilobium cylindrostigma* Komarov (1), in Fl. Manshur., 1905, p. 95. — Mandchourie.

62 — *Epilobium calycinum* Hausskn. in Monogr., p. 196. — Japon.

63 — *Epilobium cephalostigma* Hausskn. in Skof., XXIX, 1879, p. 57. — Japon; Corée ; Sachalin.

64 — *Epilobium tanguticum* Hausskn. in Skof., XXIX, 1879, p. 56. — Chine : Kan-Sou.

65 — *Epilobium leiospermum* Hausskn. in Monogr. p. 206. — Thibet; Himalaya.

66 — *Epilobium Royleanum* Hausskn. in Skof., XXIX, 1879, p. 55. — Nord des Indes orientales; Himalaya; Thibet.

67 — *Epilobium nudicarpum* Komarov in Acta Hort. Petrop., XVIII, p. 432. — Mandchourie et Corée.

68 — *Epilobium platystigmatosum* Rob. in Philippine Journ. of Science, III, 1908, p. 210. — Philippines.

69 — *Epilobium cylindricum* Don in Prodr. Fl. Nepal., 1825, p. 922. — Himalaya.

70-71 — *Epilobium Fauriei* Lévl., in Le Monde des Plantes, V, 1895, p. 93. — Japon.

72 — *Epilobium Christii* Lévl. in Fedde, Repertorium, IX, 1910, p. 19. — Himalaya.

(1) C'est par erreur que dans les planches, cette espèce a été attribuée à Haussknecht.

73 — *Epilobium lividum* Hausskn. in Monogr., p. 201. — Indes orientales; Chine : Kouy-Tchéou.

74 — *Epilobium sinense* Lévl. in Bull. Herb. Boissier, 1907, p. 590. — Chine : Kouy-Tchéou.

75 — *Epilobium tibetanum* Hausskn. in Skof., XXIX, 1879, p. 53. — Thibet.

76 — *Epilobium propinquum* Hausskn. in Monogr., p. 213. — Chine; Mongolie; Mandchourie.

77 — *Epilobium tenue* Komarov in Fl. Manshur., 1905, p. 95. — Mandchourie; Corée.

78 — *Epilobium subcoriaceum* Hausskn. in Skof., XXIX, 1879, p. 56. — Chine : Kan-Sou.

79 — *Epilobium pseudo-obscurum* Hausskn. in Skof. XXIX, 1879, p. 53. — Thibet.

80 — *Epilobium Blinii* Lévl. in Fedde, Repertorium, VII (1909) p. 337. — Chine : Yun-nan.

81 — *Epilobium pannosum* Hausskn. in Skof., XXIX, 1879, p. 54. — Indes orientales.

82 — *Epilobium Beauverdianum* Lévl. in Fedde, Repertorium, VIII, 1910, p. 138. — Thibet.

83 — *Epilobium Cavaleriei* Lévl. in Bull. Herb. Boissier, 1907, p. 590. — Chine : Kouy-Tchéou.

84 — *Epilobium trichoneurum* Hausskn. in Skof., XXIX, 1879, p. 54. — Indes orientales.

85 — *Epilobium Sadae* Lévl. in Bull. Herb. Boissier, 1907, p. 588. — Indes orientales.

86 — *Epilobium trichophyllum* Hausskn. in Skof., XXIX, 1879, p. 53. — Sikkim.

87 — *Epilobium Cordouei* Lévl. in Fedde, Repertorium, VI, 1908, p. 110. — Chine : Kouy-Tchéou.

88 — *Epilobium sikkimense* Hausskn. in Skof., XXIX, 1879, p. 52. Sikkim.

89 — *Epilobium Wattianum* Hausskn. in Monogr., p. 204. — Himalaya; Thibet.

90 — *Epilobium brevifolium* Don in Prodr. Fl. Nepal, 1825, p. 222. — Himalaya; Thibet; nord des Indes orientales.

21

91 — *Epilobium angulatum* Komarov in Fl. Manshur., 1905, p. 94. — Corée.

92 — *Epilobium Stracheyanum* Hausskn. in Monogr., p. 214. — Himalaya.

93 — *Epilobium consimile* Hausskn. in Skof., XXIX, 1879, p. 58. — Caucase; Asie Mineure.

94 — *Epilobium indicum* Hausskn. in Monogr., p. 199. — Nepal.

95 — *Epilobium gemmascens* C. A. Mey. in Verz. Pfl. Cauc., 1831, p. 172. — Caucase; Asie Mineure; Arménie.

96 — *Epilobium gemmiferum* Bor., Notes, 1853, p. 5. — Alpes d'Europe.

97 — *Epilobium laetum* Wall. in Catalog. n° 6.329. — Indes orientales.

98 — *Epilobium chrysocoma* Lévl. in Bull. Herb. Boissier, 1907, p. 599. — Japon.

99-100 — *Epilobium nervosum* Boiss. et Buhse in Aufz. Transcau., 1860, p. 88. — Russie d'Europe; Turquie; Asie-Mineure; Caucase; Arménie; Altaï, Sibérie orientale; Mandchourie.

101 — *Epilobium hakkodense* Lévl. in Bull. Acad. Géogr. bot., X, 1901, p. 34. — Japon.

102 — *Epilobium amplectens* Benth. in Wallich, Catalog., 1828, n° 6.330; Haussk. Monogr., p. 208. — Indes orientales.

103 — *Epilobium prionophyllum* Hausskn. in Skof., XXIX, 1879, p. 58. — Caucase; Transcausie; Asie-Mineure.

104 — *Epilobium quadrangulum* Lévl. in Bull. Soc. d'Agr. Sc. et Arts de la Sarthe, LX, 1905, p. 72. — Japon; Corée.

105 — *Epilobium prostratum* Lévl. — Caulis longe repens vel prostratus, teres, elineatus : folia læte viridia conspicue denticulata. — Japon.

106 — *Epilobium Duthiei* Hausskn. in Monogr., p. 205. — Indes orientales.

107 — *Epilobium leiophyllum* Hausskn. in Skof., XXIX, 1879, p. 52. — Thibet; Himalaya.

108 — *Epilobium himalayense* Hausskn. in Monogr., p. 213. — Thibet; Himalaya.

109 — *Epilobium frigidum* Hausskn. in Skof., XXIX, 1879, p. 51. — Asie Mineure; Perse.

110 — *Epilobium ponticum* Hausskn. in Monogr., p. 202. — Asie-Mineure.

111 — *Epilobium algidum* M. Bieb. in Fl. Taur.-Cauc., I, 1808, p. 297. — Caucase; Asie-Mineure; Arménie.

112 — *Epilobium amurense* Hausskn. in Skof., XXIX, 1879, p. 55. — Mandchourie; Corée; Sibérie.

113 — *Epilobium Clarkeanum* Hausskn. in Monogr., p. 220. — Sikkim.

114 — *Epilobium gansuense* Lévl. in Bull. Herb. Boissier, 1907, p. 590. — Japon.

115 — *Epilobium Makinoense* Lévl. in Bull. Soc. d'Agr. Sc. et Arts de la Sarthe, LX, 1905, p. 73. — Japon.

116 — *Epilobium Dielsii* Lévl. in Fedde, Repertorium, III, 1906, p. 20. — Japon.

117 — *Epilobium sertulatum* Hausskn. in Skof., XXIX, 1879, p. 52. — Sibérie et Japon.

118 — *Epilobium Prainii* Lévl. in Fedde, Repertorium, IX, 1910, p. 19. — Himalaya.

119 — *Epilobium philippinense* Rob. in Philippine Journ. of Science, III, 1908, p. 209. — Philippines.

120 — *Epilobium nepalense* Hausskn. in Skof., XXIX, 1879, p. 53. — Indes orientales.

121 — *Epilobium Souliei* Lévl. in Bull. Herb. Boissier, 1907, p. 588. — Thibet oriental.

122-123 — *Epilobium imbricatum* Lévl. — Caulis erectus, ramosus, lineatus, ad basim squamis longe vestitus; folia glaucescentia vix vel non et interdum remote denticulata. — Afghanistan.

124 — *Epilobium lucens* Lévl. in Bull. Herb. Boissier, 1907, p. 590. — Japon.

125 — *Epilobium cupreum* Lange, in Ind. Sem. Hort. Haun. App., 1873, n° 2. — Cultivé au Jardin de Copenhague. Est-il originaire d'Asie ou plutôt de l'Amérique du Nord ?

126 — *Epilobium Foucaudianum* in Bull. Acad. de Géographie bot., IX, 1900, p. 211. — Japon.

127 — *Epilobium rhynchospermum* Hausskn. in Monogr., p. 211. — Himalaya.

128 — *Epilobium Wallichianum* Hausskn. in Skof., XXIX, 1879, p. 54. — Indes orientales.

129 — *Epilobium uralense* Ruprecht, Fl. bor. in E. Hoffmann : Ural bor., II, suppl. B., 1856, p. 33. — Oural.

130 — *Epilobium kurilense* Nakai in Bot. Magazine XXII, 1908, p. 83. — Iles Kouriles.

131 — *Epilobium anadolicum* Hausskn. in Skof., XXIX, 1879, p. 59. — Georgie; Anatolie.

132 — *Epilobium Miyabei* Lévl. in Fedde, Repertorium, V, 1908, p. 8. — Japon.

133 — *Epilobium confusum* Hausskn. in Skof., XXIX, 1879, p. 51. — Arménie; Songarie.

134 — *Epilobium modestum* Hausskn. in Skof., XXIX, 1879, p. 55. — Perse; Afghanistan; Songarie; Thibet.

135 — *Epilobium minutiflorum* Hausskn. in Skof., XXIX, 1879, p. 55. — Syrie; Asie-Mineure; Perse; Thibet; Himalaya; nord des Indes-Orientales.

136 — *Epilobium thermophilum* Paulsen in Bot. Tidsskr., XXVII (1906) p. 142. — Pamir.

137 — *Epilobium pyrricholophum* Franch. et Savat. in Enum. pl. Jap., I, 1875, p. 168. — Japon.

138-139 — *Epilobium oligodontum* Hausskn. in Skof., XXIX, 1879, p. 58. — Japon.

140 — *Epilobium Nakaianum* Lévl. — Caulis teres, elineatus, ad basim stolonibus foliosis, foliis obtusissimis, orbicularibus, munitus ; folia caulinaria triangulari-acuta. — Japon.

141 — *Epilobium arcuatum* Lévl. in Bull. Herb. Boissier, 1907, p. 589. — Japon ; Corée.

142 — *Epilobium Rouyanum* Lévl. in Bull. Acad. Géogr. bot., IX, 1900, p. 210. — Japon; Corée.

143 — *Epilobium kiusianum* Nakai in Bot. Magazine, XXII, 1908, p. 84. — Japon.

144 — *Epilobium Duclouxii* Lévl. in Fedde, Repertorium, VI, 1908, p. 110. — Chine : Yun-nan.

145 — *Epilobium punctatum* Lévl. in Bull. Acad. de Géogr. bot, XI, 1902, p. 316. — Japon.

146 — *Epilobium Esquirolii* Lévl. in Bull. Herb. Boissier, 1907, p. 590.
   — Chine : Kouy-'Tchéou.

147 — *Epilobium japonicum* Hausskn. in Skof., XXIX, 1879, p. 56.
   — Japon; Corée; Mandchourie.

148 — *Epilobium luteum* Pursh., I, 1814, p. 259. — Sibérie orientale;
   iles Aléoutiennes; Orégon.

149 — *Epilobium Treleasianum* Lévl. in Fedde, Repertorium, V, 1908,
   p. 8. — Canada : monts Selkirk.

150 — *Epilobium Watsoni* Barbey in Brew. et Wats., Bot. Calif., I, 1876,
   p. 219. — Californie.

151 — *Epilobium obcordatum* Gray in Proc. Am. Acad., VI, p. 532.
   — Californie.

152 — *Epilobium rigidum* Haussk. in Skof., XXIX, 1879, p. 51. — Californie.

153 — *Epilobium suffruticosum* Nutt. in Torr. et Gray, Fl. N. Amer., I,
   1838, p. 488. — Etats-Unis.

154 — *Epilobium paniculatum* Nutt. in Torr. et Gr., Fl., I, 1838, p. 490.
   — Canada; Etats-Unis.

155 — *Epilobium jucundum* Gray in Schedul., 1876. — Canada; Etats-
   Unis.

156 — *Epilobium strictum* Mühl., Cat., 1813, 39 et in Monogr. Hausskn.
   p. 254. — Etats-Unis ; Canada.

157 — *Epilobium lineare* Mühl., Cat. 1813, 39 et in Monogr. Hausskn.
   p. 255. — Etats-Unis ; Canada.

158 — *Epilobium doriphyllum* Hausskn. in Monogr. p. 257. — Mexique.

159 — *Epilobium mexicanum* Schlech. in Linnæa, XII, 1838, p. 266.
   — Mexique.

160 — *Epilobium californicum* Hausskn. in Monogr. p. 260. — Californie.

161 — *Epilobium coloratum* Mühl. in Willd., Enum., I, 1809, p. 411.
   — Canada; Etats-Unis; Mexique.

162 — *Epilobium boreale* Haussk. in Monogr., p. 279. — Alaska; îles
   Aléoutiennes.

163 — *Epilobium chilense* Haussk. in Skof., XXIX, 1879, p. 118. — Chili.

164 — *Epilobium glandulosum* Lehm. Pug. II, 1830, p. 14. — Terre-
   Neuve; Canada; ouest des Etats-Unis; îles Aléoutiennes;
   Alaska ; Japon; Sibérie; Corée.

165 — *Epilobium Franciscanum* Barbey in Brew. et Wats., Bot. Calif., 1876, p. 220. — De la Californie à l'Alaska et aux îles Aléoutiennes.

166 — *Epilobium valdiviense* Haussk. in Skof., XXIX, 1879, p. 118. — Chili.

167 — *Epilobium adenocaulon* Hausskn. in Skof., XXIX, 1879, p. 119. — Canada; Etats-Unis.

168 — *Epilobium subcaesium* Greene in Pittonia, II, 1892, p. 295. — Oregon.

169 — *Epilobium Halleanum* Hausskn. in Monogr., p. 261. — Oregon.

170 — *Epilobium novo-mexicannm* Hausskn. in Monogr., p. 260. — Nouveau-Mexique.

171 — *Epilobium magellanicum* Philippi et Hausskn. in Monogr., p. 271. — Chili.

172 — *Epilobium pruinosum* Hausskn. in Skof., XXIX, 1879, p. 91. — Californie.

173 — *Epilobium cæsium* Hausskn. in Skof., XXIX, 1879, p. 91. — Chili.

174 — *Epilobium Congdoni* Lévl. in Fedde, Repertorium, V, 1908, p. 98. — Californie.

175 — *Epilobium Bonplandianum* Kunth in Humb. Bpl. Kunth, Nov. G. VI, 1823, p. 95. — Du Mexique au Chili.

176 — *Epilobium Drummondii* Hausskn. in Monogr., p. 271. — Ouest des Etats-Unis.

177 — *Epilobium andicolum* Hausskn. in Skof., XXIX, 1879, p. 118. — Toute l'Amérique du Sud.

178 — *Epilobium Helodes* Lévl. in Bull. Herb. Boissier, 1907, p. 589. — Colombie; Panama.

179 — *Epilobium andinum* Phil. in Plantas nuevas chilenas, Santiago. — Chili.

180 — *Epilobium tenellum* Phil. in Plantas nuevas chilenas, Santiago. — Chili.

181 — *Epilobium ursinum* Parish. in Rep. Missouri Bot. Garden, 1891, p. 100. — Ouest des Etats-Unis.

182 — *Epilobium glaucum* Philippi et Hausskn. in Monogr. p. 275. — Chili.

183-184 — *Epilobium leptocarpum* Hausskn. in Monogr., p. 258. — Oregon ; Canada occidental.

185 — *Epilobium Alaskæ* Lévl. in Fedde Repert., V, 1908, p. 9. — Alaska.

186 — *Epilobium holosericeum* Trelease in Rep. Missouri Bot. Garden 1891, p. 91. — Californie.

187 — *Epilobium americanum* Hausskn. in Skof., XXIX, 1879, p. 118., — Canada : Saskatchewan.

188-189 — *Epilobium Palmeri* Lévl. in Fedde Repert., V, 1908, p. 98. — Californie.

190 — *Epilobium Brasiliense* Hausskn. in Skof., XXIX, 1879, p. 119. — Brésil ; Argentine.

191 — *Epilobium pseudo-lineare* Hausskn. in Monogr., p. 253. — Californie.

192 — *Epilobium puberulum* Hook. et Arn. in Hook. Bot. Misc., III, 1833, p. 309. — Chili.

193-194 — *Epilobium meridense* Hausskn. in Monogr., p. 266. — Toute l'Amérique du sud orientale ; Venezuela.

195 — *Epilobium ramosum* Phil. in Plantas nuevas chilenas, Santiago. — Chili.

196 — *Epilobium lignosum* Phil. in Plantas nuevas chilenas, Santiago. — Chili.

197 — *Epilobium Barbeyanum* Lévl. in Bull. Herb. Boissier 1907, p. 589. — Chili.

198 — *Epilobium repens* Schlecht. in Linnæa, XII, 1838, p. 267. — Mexique ; Bolivie ; Equateur.

199 — *Epilobium densifolium* Hausskn. in Monogr., p. 256. — Chili.

200 — *Epilobium oregonense* Hausskn. in Monogr., p. 276. — Oregon.

201 — *Epilobium Pringleanum* Hausskn. in Mitth. Bot. Verein Iena, VII, 1888-1889, p. 5. — Amérique du Nord occidentale.

202 — *Epilobium adscendens* Suksdorf. Forme du *minutum* Lindl. — Washington.

203 — *Epilobium minutum* Lindl. in Hook., Fl. bor. Am., I, 1833, p. 207. — Ouest des Etats-Unis et du Canada.

204 — *Epilobium pudicum* Greene. C'est l'*E. anagallidifolium* Lamk. — Etats-Unis.

205 — *Epilobium nivale* Meyen in It. I, 1834, p. 315. — Chili.

206 — *Epilobium paddoense* Lévl. in Fedde, Repertorium, V, 1908, p. 8.
— Etats-Unis.

207 — *Epilobium pseudo-scaposum* Hausskn. in Skot., XXIX, 1879,
p. 89. — Iles Aléoutiennes.

208 — *Epilobium Haenkeanum* Hausskn. in Skof., XXIX, 1879, p. 148.
— Perou; Bolivie.

209 — *Epilobium australe* Pœpp. et Hausskn. in Monogr., p. 269.
— Chili; îles Falkland; Terre de Feu.

210 — *Epilobium peruvianum* Hausskn. in Monogr., p. 263. — Pérou.

211 — *Epilobium denticulatum* Ruiz et Pavon in Fl. peruv., III, 1802,
p. 78. — Equateur; Pérou; Bolivie; Chili; Argentine.

212 — *Epilobium Lechleri* Philippi et Hausskn. in Monogr., p. 270.
— Chili; Terre de Feu; Terre de Magellan.

213-214 — *Epilobium Parishii* Trelease in Rep. Missouri bot. Garden,
1891, p. 97. — Californie.

215 — *Epilobium brevistylum* Barbey in Brew. et Wats., Bot. Cal., I,
1876, p. 220. — Ouest des Etats-Unis.

216-217 — *Epilobium glaberrimum* Barbey in Brew. et Wats., Bot. Cal.,
I, 1876, p. 220. — Ouest des Etats-Unis.

218 — *Epilobium saximontanum* Hausskn. in Skof., XXIX, 1879, p. 119.
— Montagnes Rocheuses.

219 — *Epilobium Smithii* Lévl. in Fedde, Repertorium, V, 1908, p. 8.
— Etats-Unis.

220 — *Epilobium canadense* Lévl. in Fedde, Repertorium, V, 1908, p. 98.
— Ouest du Canada.

221 — *Epilobium délicatum* Trelease in Rep. Missouri bot. Garden., 1891,
p. 98. — Washington et Oregon.

222 — *Epilobium clavatum* Trelease in Rep. Missouri bot. Garden., 1891,
p. 111. — Ouest des Etats-Unis.

223 — *Epilobium Bongardi* Hausskn. in Skof., XXIX, 1879, p. 57. — Iles
Aléoutiennes; îles Kuriles; Sibérie orientale.

224 — *Epilobium Behringianum* Hausskn. in Monogr., p. 277. — Iles
Aléoutiennes et Sibérie orientale.

224 bis — *Epilobium Ostenfeldii* Lévl. in Fedde, Repertorium, 1911.
— Mexique.

225 — *Epilobium latifolium* L. in Spec. Pl. 1753, p. 347. — Région arctique et subarctique de l'hémisphère nord.

226 — *Epilobium spicatum* Lamk. in Fl. Fr., III, 1778, p. 482. — Europe; Asie; Amérique du Nord; îles Madère et Canaries.

227-228-229 — *Epilobium Dodonæei* Vill. in Prosp., 1779, p. 45. — Europe moyenne et méridionale; région du Caucase; Asie-Mineure.

230-231 — *Epilobium hirsutum* L. in Spec. Pl., 1753, p. 347, n° 3 . — Europe; Asie-Mineure; Syrie; Arménie; Himalaya; nord de l'Inde; Thibet; Chine; Sibérie; Afrique septentrionale; naturalisé aux Etats-Unis.

232 — *Epilobium parviflorum* Schreb. in Spic. Leips., 1771, p. 146. — Europe; Asie occidentale; Himalaya; Afrique septentrionale; îles Canaries, Madère et du Cap-Vert.

233-234-235 — *Epilobium montanum* L. in Spec. Pl., 1753, p. 348. — Europe; Sibérie; Japon; Corée; Caucase; Asie-Mineure; Perse.

236 — *Epilobium Durieui* Gay in Ann. Sc. nat., sér. II, p. 223. — France et Espagne.

237 à 241 — *Epilobium lanceolatum* Seb. et Maury, Fl. Rom. Pr., 1818, p. 138. — Europe; Algérie; île de Madère.

243 — *Epilobium collinum* Gmel. in Fl. bad., suppl. IV, 1826, p. 265. — Europe.

244 — *Epilobium hypericifolium* Tausch. in h. Canal., fasc. I, 1823, n° 7. — Suède méridionale et Bohême.

245 — *Epilobium roseum* Schreb in Spic. Leips, 1771, p. 147. — Europe; Syrie.

246 — *Epilobium trigonum* Schrank in Bair. Fl., I, 1789, p. 644. — Europe centrale.

247 à 250 — *Epilobium tetragonum* L. in Spec. Pl., 1753, p. 348. — Europe; Caucase; Sibérie occidentale; Asie-Mineure; Syrie; Armenie; Perse; Afrique septentrionale; îles Madère et Canaries; Cap de Bonne-Espérance.

251 — *Epilobium Tournefortii* Michalet in Bull. Soc. bot. France, 1855, p. 731. — France; Espagne; Portugal; Corse; Sardaigne; Sicile; Malte; Syrie; Afrique septentrionale.

252 — *Epilobium Lamyi* F. Schultz in Regensb. Bot. Zeitg., 1844 p. 806. — Europe; Madère; Asie-Mineure.

253-259 — *Epilobium Gilloti* Lévl. in Bull. Acad. Géogr. bot., VI, 1896, p. 21. — Europe; Algérie.

260-261 — *Epilobium palustre* L., Spec. Pl., 1753, p. 348. — Europe; Asie non tropicale; Amérique boréale; Groënland.

262 — *Epilobium davuricum* Fischer in Hornemann, Suppl. Hort. bot. Hafn., 1819, p. 44. — Suède; Norvège; Russie arctique; Sibérie; Altaï; Amérique arctique; de l'Alaska jusqu'au Washington.

263 — *Epilobium nutans* Schm. in Fl. Böhm., IV, 1794, n° 380. — Çà et là dans les montagnes d'Europe.

264 à 266 — *Epilobium anagallidifolium* Lamk. in Dict. Encyl., II, 1786, p. 376. — Europe; Canada et Etats-Unis.

267 à 269 — *Epilobium alsinifolium* Vill., Prosp., 1779, p. 45. — Europe.

270 — *Epilobium Villarsii* Lévl. in Bull. Acad. Géogr. bot. XVII, 1907, p. 266 — Europe.

271 — *Epilobium Hornemanni* Reichb. in Ic. crit., II, 1824, p. 73. — Suède; Norvège; Finlande; Oural; Sibérie; Groënland; îles Aléoutiennes et Kuriles; Amérique arctique jusqu'à l'Utah, le Colorado et la Californie.

272 — *Epilobium alpinum* L. in Spec. Pl., 1753, p. 348. — Suède; Norvège; Finlande; Islande; Groënland; îles Kuriles et Aléoutiennes; du Labrador au Colorado et au Michigan; Canada; Sibérie orientale.

TABLE ALPHABÉTIQUE

(Les numéros renvoient aux planches et à l'énumération)

Souscripteurs à l'Iconographie

1 M. le Professeur Corbière, de Cherbourg.
2 Muséum de l'Université de Zurich.
3 Institut botanique de l'Université royale de Gênes.
4 Jardin botanique de la ville d'Anvers.
5 Jardin botanique de Florence.
6 Muséum impérial et royal de Vienne.
7 Herbier national de Melbourne.
8 Herbier national de Sydney
9 M. le Professeur Tavares de Saint-Fiel.
10 Académie royale des Sciences de Suède.
11 Musée botanique de l'Académie impériale des Sciences de Saint-Pétersbourg.
12 Jardin botanique du Missouri, Saint-Louis.
13 John Crerar Library, Chicago.
14 Muséum d'Histoire naturelle de Paris.
15 Jardin botanique de Naples.
16 Muséum de botanique de Berlin.
17 Bibliothèque de la ville du Mans.
18 Harvard University.
19 Bibliothèque du ministère de l'Agriculture de Washington.
20 Jardin botanique de Christiania.
21 Jardin botanique de New-York.
22 Jardin impérial de Botanique de Saint-Pétersbourg.
23 M. F. Chassignol, La Boulaye (Saône-et-Loire).

24 Bibliothèque du Musée d'Histoire naturelle de Laval.

25 Jardin botanique d'Oxford.

26 Jardin botanique de Copenhague.

27 Muséum de Valparaiso.

28 Jardin royal de Botanique d'Edimbourg.

29 Jardin royal de Botanique de Turin.

30 Bibliothèque de l'Université de Rome.

31 Musée botanique de l'Université d'Helsingfors.

32 Jardin botanique de Tokyo.

33 Bibliothèque de l'Université royale d'Upsal.

34 M. le Professeur Cristobal Hicken, à Buenos-Aires.

35 Musée d'Histoire naturelle de la Faculté des Sciences de Lima.

36 M. Felipe Garcia Canizares de La Havane.

Souscripteurs anonymes par les librairies Dulau et William Wesley, de Londres ; Friedlaender, de Berlin ; Bocca, de Rome ; Stechert et Picard, de Paris.